苏梅科学童话绘本系列

小熊敲鼓咚咚哒

苏 梅 / 著　春鱼秋鸟 / 绘

U0332576

浙江教育出版社·杭州

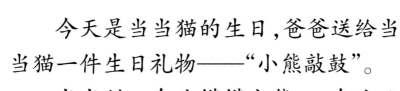

今天是当当猫的生日,爸爸送给当当猫一件生日礼物——"小熊敲鼓"。

当当猫一会儿摸摸小熊,一会儿又拍拍小熊,可是小熊一动也不动。

"别急。"爸爸从抽屉里拿出两个小小的圆柱,说道,"这是电池,是小熊的最爱。他现在饿了,没有力气敲鼓。装上电池,等他有了电,你再瞧!"

啪,爸爸打开了小熊肚子上一个方方的盖子。

4

　　"让我来喂小熊吧。"当当猫把两节电池塞进小熊的肚子里，按下小熊帽子上的红色按钮，可小熊还是一动也不动。

　　"笨小熊，笨小熊，不会动，也不会敲鼓。"当当猫气呼呼地说。

7

8

　　爸爸重新装好电池，笑着说："不是小熊笨，是你把电池装反了，小熊没有电，当然没力气敲鼓。"

　　爸爸按下红色按钮，咚咚哒，咚咚哒，小熊开始敲鼓了，小熊敲鼓真好听！

　　"电池有正极和负极,戴着高高的
小圆帽的是正极,看,这里有个'＋'号;
平平的、不戴帽子的是负极,这里有个
'－'号。"爸爸指着电池说,"装电池时看
准标记,把负极对准有弹簧的一端,再
往下一压,电池就装好了。"

"知道啦，我来试一试。"
当当猫拿来小赛车，装好四节
五号电池，按下遥控器上的蓝
色按钮，唰啦，唰啦，小赛车在
轨道上飞快地跑起来了。

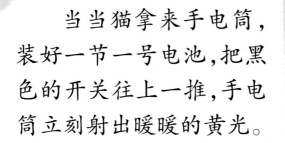

当当猫拿来手电筒，
装好一节一号电池，把黑
色的开关往上一推，手电
筒立刻射出暖暖的黄光。

14

当当猫拿来迷你电风
扇,装好两节七号电池,把
黄色的旋钮往右一旋,风
扇欢快地转起来了。

15

"手表也要用电池吗?"当当猫问。

"是的,不过手表用的是纽扣电池。"爸爸打开手表的后盖,指着纽扣电池说,"如果电池的电用完了,手表的指针就不走了,这时需要换上新的电池。"

当当猫生日快乐

叮叮当，手机响了，妈妈去接电话。

爸爸告诉当当猫："手机里也有电池，是锂电池，像一块板。"

18

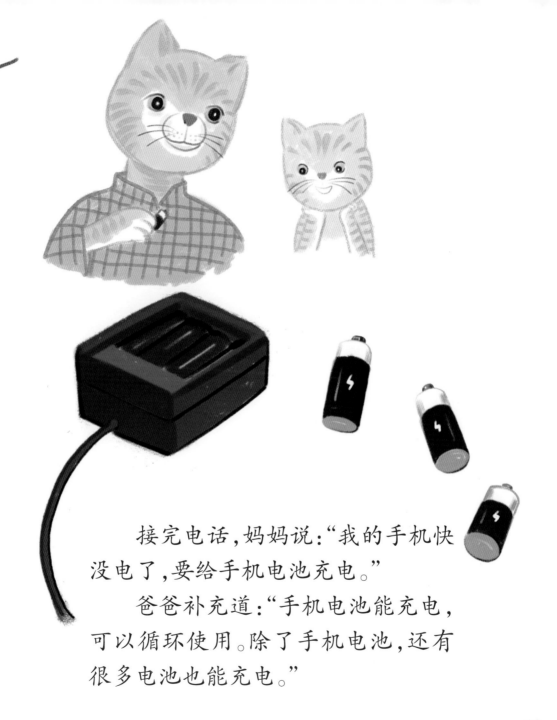

　　接完电话,妈妈说:"我的手机快没电了,要给手机电池充电。"

　　爸爸补充道:"手机电池能充电,可以循环使用。除了手机电池,还有很多电池也能充电。"

19

爸爸拿来数码相机,咔嚓,咔嚓,
给当当猫拍了好多生日照片,他说:
"数码相机里也有可以充电的电池。"

吃完蛋糕,爸爸妈妈带当当猫去爬兜兜山。当当猫问:"我们骑电瓶车去吗?"

　　爸爸说:"兜兜山很远,我们开车去。电瓶车和汽车也要用到电池。"

24

"我吃了饭才有力气玩,电器充了电才能好好工作。"当当猫说。

"真聪明!另外,废旧电池属于生活垃圾,我们应该把它们分散投放到正式的垃圾箱里。"爸爸提醒当当猫。

电池是把化学能、光能等其他形式的能转化为电能的装置。

小实验

🧤 **材料**

电动玩具和小电器(手电筒、小电扇、电子钟、游戏机等)若干、电池(干电池、锂电池、纽扣电池等)若干

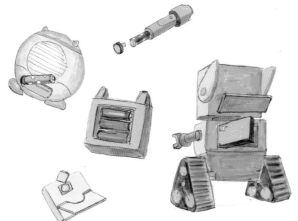

🐌 **步骤**

① 给电动玩具和小电器安装电池,说一说分别用的是什么电池,安装时注意正负极。

② 玩电动玩具,使用小电器。如果电动玩具不动或小电器不工作,想一想可能是什么原因。

🐌 拓展

① 比较干电池、锂电池、纽扣电池等不同种类电池的形状、特征和用途。

② 给家里的小电器更换电池,发展动手能力,了解有些电池的更换需要由专业人士来操作。

③ 电动玩具和小电器长时间不使用时,最好把电池取出来,存放在干燥的地方。

🧤 小提示

✦ 实验前,检查材料是否有潜在的危险,如橡皮筋是否有开裂或破损等情况。

✦ 实验时,要注意安全,如避免被热水烫伤,防止打碎玻璃器皿而伤到自己。

✦ 实验后,将材料放回原处。

图书在版编目（ＣＩＰ）数据

小熊敲鼓咚咚哒 / 苏梅著；春鱼秋鸟绘. -- 杭州：
浙江教育出版社，2017.7
（苏梅科学童话绘本系列）
ISBN 978-7-5536-5622-9

Ⅰ. ①小… Ⅱ. ①苏… ②春… Ⅲ. ①电池－儿童读
物 Ⅳ. ①TM911-49

中国版本图书馆CIP数据核字(2017)第067976号

苏梅科学童话绘本系列　SUMEI KEXUE TONGHUA HUIBEN XILIE

小熊敲鼓咚咚哒　XIAOXIONG QIAOGU DONGDONGDA

苏　梅 /著　春鱼秋鸟 /绘

责任编辑	杜　玲
美术编辑	曾国兴
责任校对	赵露丹
责任印务	陆　江
出版发行	浙江教育出版社
	（杭州市天目山路40号　　邮编：310013）
激光照排	杭州兴邦电子印务有限公司
印　　刷	杭州下城教育印刷有限公司
开　　本	889mm×1194mm　　1/24
成品尺寸	180mm×210mm
印　　张	$1\frac{1}{6}$
字　　数	22 000
版　　次	2017年7月第1版
印　　次	2017年7月第1次印刷
标准书号	ISBN　978-7-5536-5622-9
定　　价	12.80元
联系电话	0571-85170300-80928
电子邮箱	zjjy@zjcb.com
网　　址	www.zjeph.com